今すぐ使えるかんたんmini

スマホで楽しむ Android対応版

LINE
ライン
超入門
改訂2版

技術評論社

本書の使い方

- セクションという単位ごとに厳選された技を解説しています。
- セクション名は、具体的な作業を示しています。
- セクションの解説内容のまとめを表しています。

第3章 LINEのトークをさらに楽しもう

Section 24

メッセージに絵文字を入れよう

お役立ち度 ★★★

LINEでは、メッセージに絵文字を追加することもできます。また、絵文字を単体で送信すればスタンプのような使い方もできるので便利です。

- 番号付きの記述で操作の順番が一目瞭然です。

1 絵文字を送りたいトークルームを開き、メッセージを入力して、

2 ◯をタップします。

Memo 初回のスタンプのダウンロード

初回のみスタンプのプレビュー機能についての画面が表示されれます。<OK>→<ダウンロード>をタップすると、スタンプをダウンロードできます。

大きな画面で該当箇所がよくわかるようになっています。

3 スタンプ画面が表示されたら◎をタップし、絵文字画面に切り替えます。

4 使用する絵文字のセットのアイコンをタップします。

- 本書の各セクションでは、画面を使った操作の手順を追うだけで、LINEの使い方が簡単にわかるよう説明しています。
- 操作の流れに番号を付けて示すことで、操作手順を追いやすくしてあります。

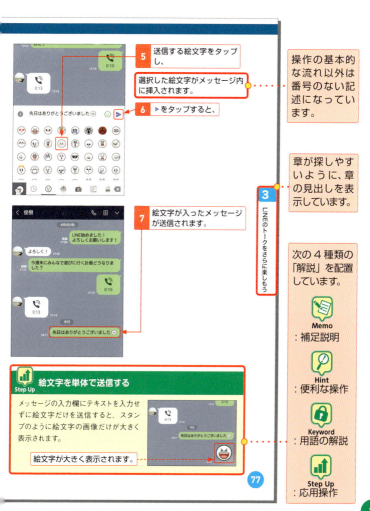

本書で解説している操作内容について

本書は、LINE をスマホのみで楽しむ方法を解説しています。

❶タッチパネルの操作

タップ

画面を指でたたいてすぐに離す動作です。

ドラッグ

指を画面から離さずに動かす動作です。

ダブルタップ

タップの動作を2回繰り返す動作です。

スワイプ／スライド

指で画面を軽く触れたまま特定の方向へ動かす動作です。

ピンチイン	ピンチアウト

開いている人差し指と親指をとじ合わせる動作です。表示が縮小されます。	人差し指と親指を押し開く動作です。表示が拡大されます。

❷Androidの本体キー

本書では、ナビゲーションキーを、次のように表現しています。機種によって表示が異なることがあります。

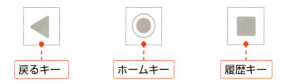

2019年6月以降に発売された機種の多くは、新しいナビゲーションキーが採用されています。新しいナビゲーションキーでは、履歴キーがないかわりにホームキーを上方向にスワイプします。

CONTENTS

第1章 LINEの基本をマスターしよう

Section 01 LINEってどんなサービス? ……………………………… 16

Section 02 LINEをインストールしよう ……………………………… 18

Section 03 アカウントを登録しよう ……………………………… 22

Section 04 LINEを起動／終了しよう ……………………………… 26

Section 05 LINEの画面の見方を確認しよう ……………………………… 28

Section 06 自分のプロフィールを設定しよう ……………………………… 32

Section 07 電話番号を使って友だちを追加しよう ……………………………… 36

Section 08 友だちにメッセージを送ろう ……………………………… 40

Section 09 友だちからのメッセージに返信しよう ……………………………… 42

Section 10 友だちと無料通話をしよう ……………………… 44

第2章 LINEの友だちを増やそう

Section 11 いろいろな友だちとつながろう! ………………… 48

Section 12 IDを検索して友だちを追加しよう ……………… 50

Section 13 QRコードで友だちを追加しよう……………… 52

Section 14 ふるふる機能で友だちを追加しよう ……………… 54

Section 15 勝手に友だちに追加されないようにしよう……… 56

Section 16 お気に入りの友だちをいちばん上に表示しよう… 58

Section 17 友だちの表示名を変更しよう …………………… 60

Section 18 メッセージで友だちを紹介してもらおう ………… 62

CONTENTS

Section 19 友だちを非表示にしよう 64

Section 20 友だちをブロックしよう 66

Section 21 ブロックを解除しよう 68

Section 22 友だちを削除しよう 70

第3章 LINEのトークをさらに楽しもう

Section 23 LINEの基本はトーク! 74

Section 24 メッセージに絵文字を入れよう 76

Section 25 LINEのスタンプを使ってみよう 78

Section 26 無料のスタンプをダウンロードしよう 80

Section 27 有料のスタンプをダウンロードしよう 84

Section 28　友だちにスタンプをプレゼントしよう　88

Section 29　スタンプの表示順序を変更しよう　90

Section 30　写真を送ろう　92

Section 31　動画を送ろう　94

Section 32　トークルームの設定を変えてみよう　96

Section 33　トークルームを整理しよう　98

Section 34　トークの履歴を削除しよう　100

Section 35　ノートを作って友だちと大事なことを共有しよう　102

Section 36　アルバムを作って友だちと写真を共有しよう　104

Section 37　友だちからの写真をスマートフォンに保存しよう　106

Section 38　知らない相手からのメッセージを拒否しよう　108

CONTENTS

Section 39　ビデオ通話をしよう ‥‥‥‥‥‥‥‥ **110**

Section 40　複数の友だちとトークしよう ‥‥‥‥ **112**

第4章　LINEのグループを作ろう

Section 41　大人数のトークにはグループが便利! ‥‥‥ **116**

Section 42　自分のグループを作ろう ‥‥‥‥‥‥ **118**

Section 43　友だちのグループに参加しよう ‥‥‥ **122**

Section 44　グループメンバーを確認しよう ‥‥‥ **124**

Section 45　グループに友だちを招待しよう ‥‥‥ **126**

Section 46　グループにメッセージを送ろう ‥‥‥ **128**

Section 47　グループのアイコンを変更しよう ……………………… **130**

Section 48　グループでアルバムを作ろう ……………………………… **134**

Section 49　アルバムの写真をまとめて保存しよう……………… **136**

Section 50　グループを退会しよう ……………………………………… **138**

CONTENTS

 LINEで困ったときのQ&A

Section 51 不要な通知をオフにしたい! ……………… 140

Section 52 ほかの人にメッセージを見られないようにしたい!… 141

Section 53 勝手に見られないようパスワードをかけたい!… 142

Section 54 既読を付けないでメッセージを確認したい! …… 144

Section 55 自分がブロックされているか知りたい! ……… 145

Section 56 登録したメールアドレスを変更したい! ……… 146

Section 57 知らない人から不審なメッセージが来た! ……… 148

Section 58 勝手にログインされていないかを確認したい!… 149

Section 59 アカウントが誰かに乗っ取られてしまった! ……… 150

Section **60** 最新のアプリを使えるようにしたい！ ……… **151**

Section **61** 新しいスマートフォンでもLINEを使いたい！ …… **152**

Section **62** スマートフォンをなくしてしまった！ ……………… **155**

Section **63** LINEが起動しないので何とかしたい！ …………… **156**

Section **64** アカウントを削除したい！ …………………………… **157**

索引 ……………………………………………………………………………… **158**

ご注意：ご購入・ご利用の前に必ずお読みください

●本書に記載した内容は、情報の提供のみを目的としています。したがって、本書を用いた運用は、必ずお客様自身の責任と判断によって行ってください。これらの情報の運用の結果について、技術評論社および著者はいかなる責任も負いません。

●サービスやソフトウェアに関する記述は、とくに断りのないかぎり、2019年6月現在での最新バージョンをもとにしています。サービスやソフトウェアはバージョンアップされる場合があり、本書での説明とは機能内容や画面図などが異なってしまうこともあり得ます。あらかじめご了承ください。

●本書は、以下の環境での動作を検証しています。
Android端末（Xperia XZ3：Android 9（LINEバージョン 9.7.6））

●インターネットの情報については、URLや画面等が変更されている可能性があります。ご注意ください。

以上の注意事項をご承諾いただいた上で、本書をご利用願います。これらの注意事項をお読みいただかずに、お問い合わせいただいても、技術評論社は対処しかねます。あらかじめ、ご承知おきください。

■本書に掲載した会社名、プログラム名、システム名などは、米国およびその他の国における登録商標または商標です。本文中では、™、®マークは明記していません。

LINEの基本を
マスターしよう

Section 01 ≫ LINEってどんなサービス?
Section 02 ≫ LINEをインストールしよう
Section 03 ≫ アカウントを登録しよう
Section 04 ≫ LINEを起動／終了しよう
Section 05 ≫ LINEの画面の見方を確認しよう
Section 06 ≫ 自分のプロフィールを設定しよう
Section 07 ≫ 電話番号を使って友だちを追加しよう
Section 08 ≫ 友だちにメッセージを送ろう
Section 09 ≫ 友だちからのメッセージに返信しよう
Section 10 ≫ 友だちと無料通話をしよう

第1章 LINEの基本をマスターしよう

Section 01

LINEってどんなサービス？

お役立ち度 ★★☆

LINEは、無料で好きな時間に好きなだけメッセージや通話のやり取りができるコミュニケーションアプリです。まずはその特徴を見ていきましょう。

1　無料で楽しくコミュニケーション

LINEは、メッセージや通話など、さまざまな楽しみ方ができるコミュニケーションアプリです。メールやチャットのようにメッセージを交換するだけではなく、気持ちを伝えるのに便利な「スタンプ」という大きなイラストを送って気持ちを伝えられるのが特徴の1つです。写真や動画、音声などもかんたんに送れます。1人の友だちを相手にやり取りをすることはもちろん、複数の友だちとグループでの交流もできます。また、電話のように通話ができたり、気軽にビデオ通話できたり、Facebookのように近況を投稿して公開し、「いいね！」をもらったりと、メッセージ以外にも多くのことができます。さらに企業からのお得な情報を受け取ることなどもできます。なお、これらのたくさんのサービスは基本無料で提供されています（パケット通信料除く、一部有料サービスあり）。

メールより手軽に送れる

LINE は、メールに比べると動作が軽く、また視覚的にも使いやすく直感的な操作ができます。「トーク」画面では、画面を切り替えることなく相手のメッセージと自分のメッセージを一覧表示で見ることができるので、「今何しているの?」など短いメッセージのやり取りも、気軽に行えます。また、「スタンプ」と呼ばれる大きなイラストを送ることができ、言葉では伝わりづらい感情が伝えやすいでしょう。ほかにも、メールと異なる点として相手がメッセージを読んだかどうかがわかる「既読」機能があるので、返信がなくてもメッセージを読んだかどうかを知ることができます。

メールより手軽にサクサクメッセージのやり取りができます。

無料で通話ができる

LINE はメッセージによるコミュニケーションだけでなく、電話のような音声通話も無料でできます。電話回線を使って話す通常の電話とは異なり、インターネット回線を利用して相手と話します。LINE 同士での通話ならスマートフォンのパケット料金だけで電話料金は一切かかりません。従量課金や制限のない家庭の Wi-Fi などを使えば長時間の通話も安心です。通信量が多いので利用制限などには注意しましょう。

お得に友だちと音声通話、ビデオ通話を楽しみましょう。

第1章 LINEの基本をマスターしよう

Section 02

LINEを インストールしよう

お役立ち度 ★★★

初めにLINEのアプリを自分のスマートフォンにインストールしましょう。アプリのインストールには、Googleアカウントがあらかじめ必要です。

1

1 スマートフォンのホーム画面で<Playストア>をタップし、

> **Memo ホーム画面に「Playストア」アプリがない場合**
>
> 「Playストア」アプリがホーム画面にない場合は、アプリ一覧画面にあるので探してみましょう。

2 Playストアのトップページが表示されるので、画面上部の検索欄をタップします。

3 「LINE」と入力し、

4 をタップしたら、

Memo キーボード表示について

スマートフォンやアプリによって、表示されるキーボードは異なる場合があります。表示が異なる場合、ここでは検索や確定を示すものをタップしましょう。

5 検索結果から、＜LINE＞をタップします。

Step Up そのほかのLINEアプリ

「LINE MUSIC」や「LINE Camera」、「LINEマンガ」などの関連アプリのほか、連携が可能なゲームアプリなどがあります。

6 <インストール>をタップします。

「アプリ内課金」とは

課金サービスがあるアプリには、「アプリ内課金あり」と表示されます。LINEの場合は、スタンプや着せかえを入手する際に有料のものがあるので表示されています。なお、LINE自体は基本無料で利用できます。

これまで一度もPlayストアを利用していない場合は、「アカウント設定」画面が表示されるので、<スキップ>をタップして進めましょう。

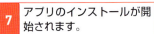

7 アプリのインストールが開始されます。

1 LINEの基本をマスターしよう

8 インストールが完了したら、スマートフォンのホームキーをタップします。

スマートフォンの機種やAndroidのバージョンによっては、ナビゲーションキーの位置やデザインが異なる場合があります（P.05参照）。

9 スマートフォンのホーム画面やアプリ一覧画面に「LINE」のアイコンが表示されます。

第1章 LINEの基本をマスターしよう

Section 03

アカウントを登録しよう

お役立ち度 ★★★

インストールが完了したら、LINEを利用するために必要なアカウント登録を行いましょう。また、ここではすぐに楽しめるよう、友だちを追加します。

1. スマートフォンのホーム画面などで<LINE>をタップし、

「LINE」アプリのアイコンがホーム画面にない場合は、アプリ一覧画面を探してみましょう。

2. <はじめる>をタップします。

Memo アクセス許可

登録の操作を進めていると、アクセス許可を求められることが数回あります。その場合は、内容を確認し<許可>もしくは<次へ>→<許可>の順にタップします。

3 端末の電話番号が自動で入力されているのを確認し、

4 ●をタップします。

＜Facebookログイン＞をタップすると、SNSサービス「Facebook」のアカウントを利用したLINEアカウントの作成ができます。

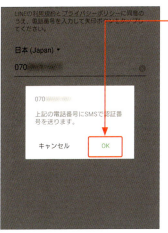

5 ＜OK＞をタップすると、自動的に番号認証されます。

Memo 認証番号の入力

手順**5**のあと、認証番号が自動的に入力、設定されない場合はSMS（メールやメッセージ）で受け取った認証番号を入力して＜次へ＞をタップすると、手順**6**の画面が表示されます。

6 ＜アカウントを新規登録＞をタップします。

Hint アカウントを引き継ぐ

機種変更などで電話番号が変更になる場合は、手順**6**で＜アカウントを引き継ぐ＞をタップして、アカウントを引き継ぐことができます。

LINEの基本をマスターしよう

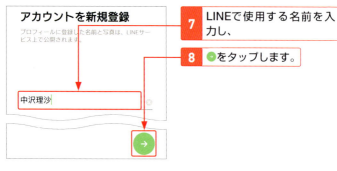

7	LINEで使用する名前を入力し、
8	●をタップします。

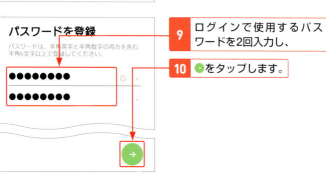

9	ログインで使用するパスワードを2回入力し、
10	●をタップします。

11 「友だち追加設定」画面が表示されるので、●をタップします。

Step Up 友だちを自動追加したくない場合

LINEはスマートフォンの電話帳に登録されている電話番号やメールアドレスをもとに自動的に友だちを追加します。この自動登録や、自分の電話番号やメールアドレスをもとに勝手に追加されたくない場合は、手順**11**の画面で＜友だち自動追加＞と＜友だちへの追加を許可＞をタップしてオフにしましょう。

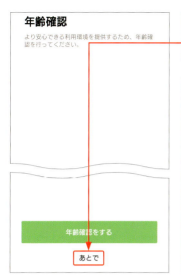

| 12 | 「年齢確認」画面が表示されるので、ここでは<あとで>をタップします。 |

Hint 年齢確認を行う

年齢確認は、あとからでも行うことができます。年齢確認を行うと、電話番号やLINE IDで友だち検索を行うことができます（Sec.07、Sec.12参照）。また、相手が自分を友だちとして追加したいときに検索できるようにするために必要です。Sec.07で解説します。

| 13 | 「サービス向上のための情報利用に関するお願い」画面が表示されるので、内容を確認し<同意する>→<OK>の順にタップします。 |

| 14 | LINEのアカウント登録が完了します。 |
| 15 | LINEの画面が表示されます。 |

Memo 「友だち」とは

「友だち」とは、LINEでやり取りを行う相手のアカウントのことをいいます。

第1章 LINEの基本をマスターしよう

Section 04

LINEを起動／終了しよう

お役立ち度 ★☆☆

LINEのアプリは、スマートフォンのホーム画面でアイコンをタップするだけで起動できます。ホームキーをタップすると、アプリが終了します。

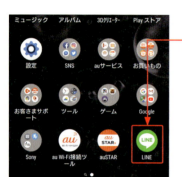

1 スマートフォンのホーム画面などで＜LINE＞をタップすると、

2 LINEが起動し、ここでは「ホーム」画面が表示されます。

> **Memo 起動後に表示される画面**
>
> ここでは「ホーム」画面が表示されていますが、起動後には、最後に表示していた画面が表示されます。

3 LINEの画面が表示されているときに、スマートフォンのホームキーをタップします。

Memo アプリを完全に終了させる

履歴キーをタップ（機種によってはホームキーを上方向にスワイプ）し、表示された画面で「LINE」アプリを完全に終了させることができます。

4 LINEが終了し、スマートフォンのホーム画面に戻ります。

Hint 起動していなくてもメッセージ受信はする

LINEのアプリを終了して起動していない状態でも、バックグラウンドでは動いているのでメッセージを受信すると通知されます。

1 LINEの基本をマスターしよう

第1章 LINEの基本をマスターしよう

Section 05

LINEの画面の見方を確認しよう

お役立ち度 ★★★

LINEには、トークやタイムラインなどさまざまな機能があります。画面の下部のメニューから、それぞれ切り替えて利用します。

1. 「ホーム」画面で、＜ウォレット＞をタップすると、

2. 「ウォレット」画面に表示が切り替わります。

Step Up　メニュー項目を確認する

画面の下部にあるメニューをタップすることで、画面が切り替わります。

❶	ホーム	タップすると「ホーム」画面（P.29参照）が表示される
❷	トーク	タップすると「トーク」画面（P.30参照）が表示される
❸	タイムライン	タップすると「タイムライン」画面（P.30参照）が表示される
❹	ニュース	タップすると「ニュース」画面（P.31参照）が表示される
❺	ウォレット	タップすると「ウォレット」画面（P.31参照）が表示される

「ホーム」画面の「友だち」タブ

- 新しい友だちを追加できます。
- 自分のアイコンと名前、自己紹介が表示されます。
- 「友だち」「スタンプ」などのタブが表示されます。
- 友だちやグループなどの一覧が表示されます。
- カテゴリ名の右側にある をタップすると、非表示にすることができます。

Step Up タブ項目を確認する

「ホーム」画面の中ほどにあるタブをタップまたは、左右にスワイプして切り替えると画面が切り替わります。

①	着せかえ	「友だち」リストが表示される
②	友だち	LINEの「公式アカウント」が表示される
③	公式アカウント	LINEが提供する「サービス」が表示される
④	サービス	「スタンプ」ショップが表示される
⑤	スタンプ	LINEの「着せかえ」ショップが表示される

1 LINEの基本をマスターしよう

29

「トーク」画面

最後にやり取りした時間や日にちが表示されます。

トークルームの一覧が表示されます。タップすると、そのトークルームに入室できます。

「タイムライン」画面

自分の近況や写真・動画の投稿、閲覧が行えます。

新着の投稿が表示されます。

24時間で投稿が自動的に削除されるストーリーが表示されます。

自分や友だちの投稿や近況、ノートの投稿が時系列で表示されます。

「ニュース」画面

- ニュース記事の検索ができます。
- 表示するニュース記事の追加などができます。
- 話題のニュースがリアルタイムで表示されます。上方向にスワイプすることで、さらにニュースを確認できます。

「ウォレット」画面

- 「LINE Pay」を利用できます。
- 買い物や友だちとのお金のやり取りができるLINEの各種サービスが表示されます。上方向にスワイプすると、さらにサービスを確認できます。
- トークで利用できるスタンプが購入できます。

第1章 LINEの基本をマスターしよう

Section 06

自分のプロフィールを設定しよう

お役立ち度
★★★

トークやタイムラインに発信する際、投稿者の目印になるのがアイコンです。自分のアイコンを設定して、友だちに覚えてもらいましょう。

1

1. 「ホーム」画面で自分の名前をタップし、

2. <プロフィール>をタップして、

3. 初回のみ機能の紹介画面が表示されるので、<OK>をタップします。

4 「プロフィール」画面で📷をタップします。

5 ここでは＜写真／動画を選択＞をタップします。

Step Up その場で撮影して設定ができる

手順5の画面で＜カメラで撮影＞をタップすると、その場で撮影した写真や動画をアイコンに設定できます。

すべての写真▼

6 プロフィールに使う写真を
タップし、

1 LINEの基本をマスターしよう

7 ■をドラッグして、必要に
応じて写真をトリミングし
たら、

Hint 写真の回転

画面下部の◎をタップすると、
写真が90°ずつ回転します。

8 <次へ>をタップします。

9 必要に応じてフィルターなどを適用し、

Memo ストーリーへの投稿

「ストーリーに投稿」にチェックが付いていると、アイコン写真の変更がストーリー（P.30参照）に投稿されます。不要な場合はチェックを外しましょう。

10 ＜完了＞をタップすると、

11 写真がプロフィールに反映されます。

Memo 名前の変更ができる

手順 11 の画面で＜名前＞をタップすると、トークやタイムラインに表示される名前を変更できます。

LINEの基本をマスターしよう

第1章 LINEの基本をマスターしよう

Section 07

電話番号を使って友だちを追加しよう

お役立ち度 ☆☆☆

電話番号を検索をして友だちを追加できます。ただし、IDによる検索を許可しているユーザーのみが検索対象となります。

1 「ホーム」画面で👤をタップし、

2 <検索>をタップします。

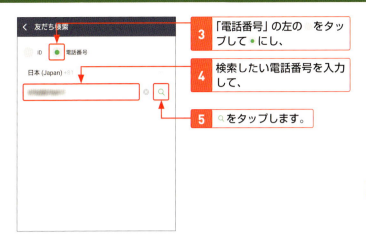

3	「電話番号」の左の をタップして●にし、
4	検索したい電話番号を入力して、
5	をタップします。

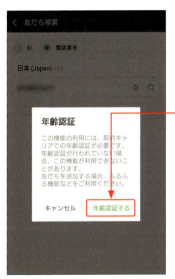

年齢認証をしていない場合は、「年齢認証」画面が表示されます（年齢認証を済ませている場合は手順11へと進んでください）。

6	<年齢認証する>をタップします。

年齢認証について

電話番号とIDによる検索（Sec.12参照）は検索する側、される側の両方が年齢認証をしている必要があります。なお、18歳未満のユーザーは年齢認証を行うことができません。

利用しているスマートフォンのキャリアにより、手順 7 ～ 9 の画面は異なります。ここではauの操作を解説します。

7 <ログイン>をタップし、

手順 7 でログインできなかった場合は、au IDとパスワードを入力してログインします。

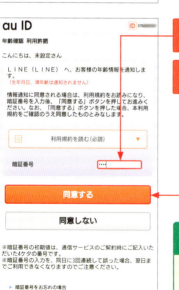

8 4ケタの暗証番号を入力して、

9 <同意する>をタップします。

 キャリアにより画面は異なる

年齢認証の表示画面は、キャリアにより異なります。画面の指示に従って進めましょう。

10	年齢認証が行われ、手順4の画面に戻ります。
11	再度 Q をタップすると、
12	検索結果が表示されるので、名前とアイコン写真を確認し、
13	＜追加＞をタップすると、友だちへの追加が行われます。

1 LINEの基本をマスターしよう

14 「ホーム」画面から「友だち」タブを表示すると、「新しい友だち」欄に追加した友だちが表示されます。

Hint 年齢認証ができない場合

年齢認証には、ドコモ、au、ソフトバンク、LINEモバイルのいずれかと契約しておく必要があります。ほかの格安SIMなどを使用している場合は、電話番号やIDでの友だち検索ができないので注意しましょう。

39

第1章 LINEの基本をマスターしよう

Section 08

友だちに メッセージを送ろう

お役立ち度 ★★★

テキストでメッセージを交換するトークはLINEの基本中の基本です。まずは、仲のよい友だちや家族とトークを始めましょう。最初の1歩はトークから。

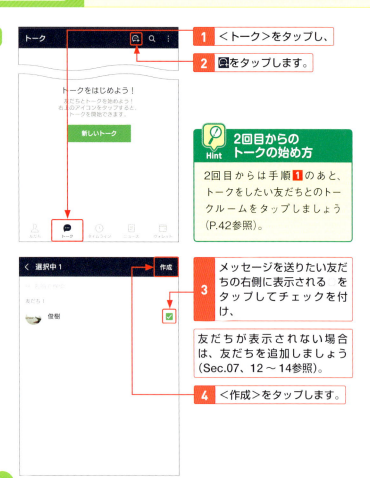

1 ＜トーク＞をタップし、

2 🗨をタップします。

Hint 2回目からのトークの始め方

2回目からは手順 **1** のあと、トークをしたい友だちとのトークルームをタップしましょう（P.42参照）。

3 メッセージを送りたい友だちの右側に表示される□をタップしてチェックを付け、

友だちが表示されない場合は、友だちを追加しましょう（Sec.07、12〜14参照）。

4 ＜作成＞をタップします。

5 手順3で選択した友だちとのトークルームが作成されます。

6 メッセージの入力欄をタップします。

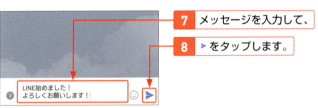

7 メッセージを入力して、

8 ▶ をタップします。

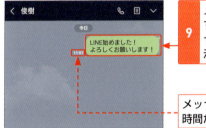

9 メッセージが送信されます。自分が送信したメッセージが画面の右寄りに表示されます。

メッセージの左には、送信した時間が表示されます。

既読

メッセージの送信時間の上に表示される「既読」の表示は、相手がトークルームを開いてメッセージを見たことを表します。ただし、トークルームを開かずに通知などで内容を確認している場合は、「既読」にはなりません。

第1章 LINEの基本をマスターしよう

Section 09

友だちからのメッセージに返信しよう

お役立ち度 ★★★

メッセージを受信したら、相手に返信メッセージを送信しましょう。LINEでは、未読メッセージがあると、アイコンに未読の数だけ数字が表示されます。

1 LINEの基本をマスターしよう

1 メッセージを受信すると、通知が表示されます。

2 <トーク>をタップし、

Memo 通知が来たら

友だちからメッセージを受信すると、ステータスバーにLINEの通知アイコンが表示されます。

3 通知が表示されているトークルームをタップします。

Hint アイコンの数字

🔴や①の中の数字は、未読件数を表しています。トークルームのメッセージを表示するとメッセージを読んだことになり、送信元の友だちのトークルームには「既読」と表示されます（P.41参照）。

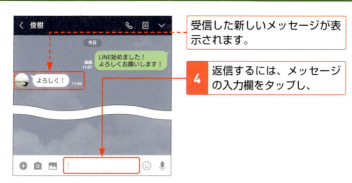

受信した新しいメッセージが表示されます。

4 返信するには、メッセージの入力欄をタップし、

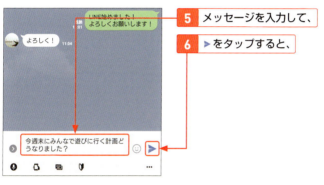

5 メッセージを入力して、

6 ▶ をタップすると、

7 返信メッセージが送信されます。

第1章 LINEの基本をマスターしよう

Section

10

友だちと無料通話をしよう

お役立ち度
★★★

文字によるトークでも楽しい会話ができますが、実際に話したほうが早いこともあります。そのようなときは、友だちと無料通話をしてみましょう。

1　「ホーム」画面から＜友だち＞をタップして「友だち」タブに移動し、

2　通話したい友だちをタップして、

3　＜無料通話＞をタップします。

Hint　Wi-Fi接続での利用がお得

無料通話はインターネット回線を利用するので、通信量制限のない自宅のWi-Fiなどを使うと、お得に通話が楽しめます。

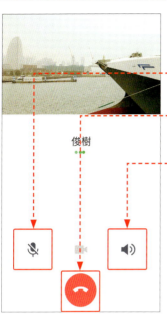

| 4 | 呼び出し中の画面が表示されます。 |

🎤をタップすると、こちらの音が相手に聞こえなくなります。

📞をタップすると、呼び出しがキャンセルされます。

🔊をタップすると、相手の音声がスピーカーから聞こえるようになります。

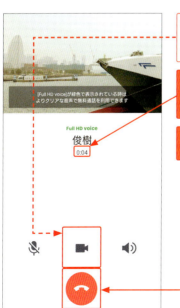

📹をタップすると、ビデオ通話（Sec.39参照）に切り替わります。

| 5 | 相手が通話を受けると、通話時間のカウントが始まります。 |

| 6 | 📞をタップして通話を終了します。 |

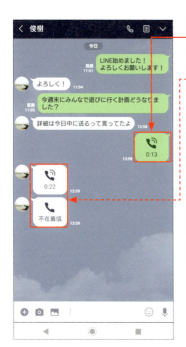

 通話の履歴はトークルームに残ります。

友達からの着信や不在着信もトークルームで確認できます。

Hint 不在着信を確認する

不在着信はステータスバーや通知パネルからも確認できます。不在着信があった場合に、通知パネルの不在着信を知らせる表示をタップすると、「LINE」アプリが起動して発信相手とのトークルームが開くので、＜不在着信＞→＜無料通話＞の順にタップすると、折り返し無料通話をかけることができます。

Memo 友だちからの無料通話に出る

無料通話が着信すると、発信元の友だちのLINEアイコンと名前が大きく表示されます。をタップすると、通話が始まり、をタップすると、呼び出しが止まり通話を拒否することができます。

LINEの友だちを増やそう

- Section 11 》 いろいろな友だちとつながろう!
- Section 12 》 IDを検索して友だちを追加しよう
- Section 13 》 QRコードで友だちを追加しよう
- Section 14 》 ふるふる機能で友だちを追加しよう
- Section 15 》 勝手に友だちに追加されないようにしよう
- Section 16 》 お気に入りの友だちをいちばん上に表示しよう
- Section 17 》 友だちの表示名を変更しよう
- Section 18 》 メッセージで友だちを紹介してもらおう
- Section 19 》 友だちを非表示にしよう
- Section 20 》 友だちをブロックしよう
- Section 21 》 ブロックを解除しよう
- Section 22 》 友だちを削除しよう

第2章 LINEの友だちを増やそう

Section 11

いろいろな友だちとつながろう!

お役立ち度 ★★★

LINEを楽しむためになくてはならないもの、それは「友だち」です。LINEは、トークや音声通話を通じて、友だちとつながるためのアプリといえます。

「友だち」は多いほうが楽しい

Sec.03でアカウントを登録する際に友だちの登録を行いましたが、より多くの友だちを登録することで、LINEの楽しみはさらに広がります。家族や友人、知人と友だちになって交流の機会を増やしましょう。また、Sec.03のアカウント登録時にうまく友だちの登録ができなかったという人は、この章ではさまざまな友だち追加の方法を紹介するので、こちらを参考に改めて友だちを追加してみましょう。

友だちを登録しよう

LINEでは、IDや電話番号から検索したり、その場にいっしょにいる友だちとなら「ふるふる」や「QRコード」で情報を交換したり、友だちを追加する方法がいくつも用意されています。また、スマートフォンの連絡帳からLINEを利用している友だちを自動で登録する便利な方法もありますが、中には自動追加を許可していない設定の人もいるので、そのようなユーザーとはこの章を参考に個別に友だち登録を行いましょう。

仲のよい友だちを登録して、楽しく交流しましょう。

友だちリストはアレンジできる

友だちが増えるにつれて、友だちリストで目的の友だちを探すのが困難になることもあります。そんなときは、頻繁にトークする友だちを「お気に入り」に追加してリストの上位に表示したり、あまり交流がない人を非表示にしたりといったアレンジを施すのも1つの方法です。また、LINEに表示する友だちの名前を、こちらからわかりやすいニックネームに変更するといったこともできます。
連絡したくない人を友だちから外す(ブロックする)こともできます。

仲がよく頻繁にやり取りをするAさんは「お気に入り」へ、といった整理ができます。

第2章 LINEの友だちを増やそう

Section 12

IDを検索して友だちを追加しよう

お役立ち度 ★★☆

友だちがLINE IDを設定し、IDによる検索を許可している場合は、IDを検索をして友だちを追加することができます。

1 「ホーム」画面から＜友だち＞をタップして「友だち」タブに移動し、

2 をタップして、

3 ＜検索＞をタップします。

4	「ID」が選択されていることを確認し（されていない場合は●をタップ）、
5	検索したい友だちのIDを入力して、
6	をタップします。

7	検索結果が表示されるので、名前とアイコン写真を確認し、
8	間違いがなければ＜追加＞をタップします。

9	「ホーム」画面の「友だち」タブを表示すると、追加した友だちが「新しい友だち」欄に表示されます。

Memo 年齢認証を求められた場合

手順6のあとに年齢認証を求める画面が表示された場合は、Sec.07を参考に年齢認証を行いましょう。

第2章 LINEの友だちを増やそう

Section 13

QRコードで友だちを追加しよう

お役立ち度 ★★☆

LINEユーザーそれぞれに割り当てられているQRコードを利用して、友だちに追加をすることができます。友だちにQRコードを表示してもらいましょう。

LINEの友だちを増やそう

1 「ホーム」画面から＜友だち＞をタップして「友だち」タブに移動し、

2 👥 をタップして、

3 ＜QRコード＞をタップします。

相手には次の画面で＜マイQRコード＞をタップして自分のQRコードを表示してもらいます。

4 「QRコードリーダー」画面が表示されるので、枠内に友だちのQRコードを読み取らせます。

友だちからメールでQRコードを受信・保存した場合は、＜ライブラリ＞をタップして、QRコード画像を選択します。

＜マイQRコード＞をタップすると、自分のQRコードが表示されます。

5 検索結果が表示されるので、名前とアイコン写真を確認し、

6 間違いがなければ＜追加＞をタップすると、友だちへの追加が行われます。

7 「ホーム」画面の「友だち」タブを表示すると、追加した友だちが「新しい友だち」欄に表示されます。

LINEの友だちを増やそう

53

第2章 LINEの友だちを増やそう

Section 14

ふるふる機能で友だちを追加しよう

お役立ち度 ★★☆

相手といっしょにスマートフォンを振って友だち追加を行う「ふるふる」機能を利用しましょう。位置情報の有効化が必要です。

1 あらかじめ位置情報を有効にして「ホーム」画面の「友だち」タブを表示し、

2 をタップして、

3 <ふるふる>をタップします。

4 「ふるふる」画面が表示されたら、相手といっしょにスマートフォンを振ります（相手にも、この画面を表示してもらいます）。

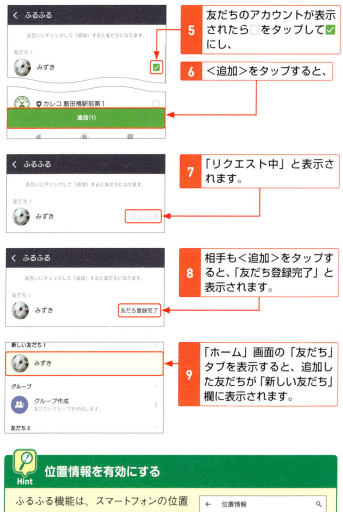

5 友だちのアカウントが表示されたら☐をタップして☑にし、

6 <追加>をタップすると、

7 「リクエスト中」と表示されます。

8 相手も<追加>をタップすると、「友だち登録完了」と表示されます。

9 「ホーム」画面の「友だち」タブを表示すると、追加した友だちが「新しい友だち」欄に表示されます。

Hint 位置情報を有効にする

ふるふる機能は、スマートフォンの位置情報の設定が有効でないと利用できません。位置情報は「設定」アプリから<ロック画面とセキュリティ>（機種によっては<セキュリティと現在地情報>）→<位置情報>の順にタップし、◯をタップして◯にすると、有効になります。

第2章 LINEの友だちを増やそう

Section **15**

勝手に友だちに追加されないようにしよう

お役立ち度 ★★★

自分のアカウントがほかの人に自動で友だちに追加されないようにするためには、「友だちへの追加を許可」をオフに設定しましょう。

1 「ホーム」画面の「友だち」タブを表示し、⚙をタップします。

2 画面を上方向にスライドして、＜友だち＞をタップします。

3 「友だちへの追加を許可」が有効になっている場合は、「友だちへの追加を許可」の☑をタップします。

4 「友だちへの追加を許可」が無効になり、友だちに自動追加されないようになります。

友だちを自動追加しないようにするには

自分がほかの人のアカウントを自動で友だちに追加しないように設定することもできます。手順 3 の画面で「友だち自動追加」が有効になっている場合は、☑をタップすると「友だち自動追加」が無効になります。

第2章 LINEの友だちを増やそう

Section
16

お気に入りの友だちを いちばん上に表示しよう

お役立ち度
★★★

LINEの友だちは、「友だち」タブに一覧表示されます。よくトークする仲のよい友だちは、「お気に入り」に登録することで、リストの上位に表示できます。

1	「ホーム」画面の「友だち」タブを表示し、
2	お気に入りに登録したい友だちをタップして、
3	☆をタップします。
4	■に表示が変わり、お気に入りに追加されます。

5 お気に入りに追加した友だちは、「友だち」タブの「お気に入り」欄に表示されます。

Hint 「ホーム」画面で検索する

手順 5 の画面で 🔍 をタップすると、友だちのアカウント名を検索することができます。検索結果には友だちのほか、トークやメッセージ、おすすめの公式アカウントなどが表示されます。

Memo カテゴリを折りたたむ

「友だち」タブの「お気に入り」や「グループ」といった項目名の右側にある ∧ をタップすると、項目の内容を非表示にできます。折りたたんでいるだけなので、∨ をタップすれば再び表示をもとに戻せます。

第2章 LINEの友だちを増やそう

Section 17

友だちの表示名を変更しよう

お役立ち度 ★★★

LINEはニックネームでも登録できるため、表示名を見ても誰かわからないという友だちもいるでしょう。そんなときは、表示名を変更すると便利です。

1 「ホーム」画面の「友だち」タブを表示し、表示名を変更したい友だちをタップします。

2 ✏️をタップします。

3 変更したい表示名を入力し、

4 <保存>をタップします。

5 「ホーム」画面の「友だち」タブに戻ると、表示名が変わっていることが確認できます。

第2章 LINEの友だちを増やそう

Section 18

メッセージで友だちを紹介してもらおう

お役立ち度 ★★★

友だちに別の友だちのアカウントを紹介して、交流を広げることができます。友だちにはアカウントをほかの人に教えることの許可を取っておきましょう。

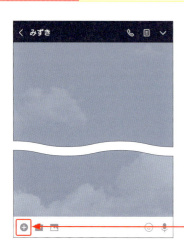

1 紹介したい友だちのトークルームを開き、⊕をタップします。

2 ＜連絡先＞をタップし、

3	<LINE友だちから選択>をタップします。

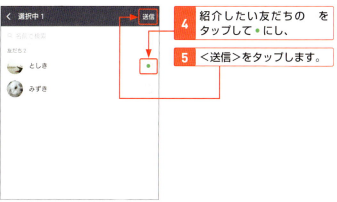

4	紹介したい友だちの を タップして • にし、
5	<送信>をタップします。

6	友だちのアカウントが送信されます。

Hint 紹介された友だちを追加する

アカウントを受信側は、友だちのアカウントをタップして<追加>をタップすると、友だちに追加できます。

第2章 LINEの友だちを増やそう

Section 19

友だちを非表示にしよう

お役立ち度 ★★★

普段あまり交流をしない友だちは、「友だち」タブから非表示にすることができます。友だちを非表示にしても、メッセージのやり取りは可能です。

1 「ホーム」画面の「友だち」タブを表示し、非表示にしたい相手を長押しします。

2 ＜非表示＞をタップします。

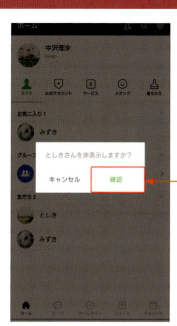

3 <確認>をタップすると、

4 非表示が完了し、「友だち」タブに表示されなくなります。

第2章 LINEの友だちを増やそう

Section 20

友だちを ブロックしよう

お役立ち度 ★★★

知らない人や迷惑な相手と交流したくないときは、「ブロック」で相手が交流できないようにしましょう。ブロックしたことは相手に通知されません。

1 「ホーム」画面の「友だち」タブを表示し、ブロックしたい相手を長押しします。

2 ＜ブロック＞をタップします。

3 <確認>をタップすると、

4 ブロックが完了し、「友だち」タブに表示されなくなります。

第2章 LINEの友だちを増やそう

Section 21

ブロックを解除しよう

お役立ち度 ★★★

一度ブロックした友だちは「設定」から解除することができます。ブロックを解除すると、再び「友だち」タブに表示されます。

1 「ホーム」画面の「友だち」タブを表示し、⚙をタップします。

2 画面を上方向にスライドして、＜友だち＞をタップします。

3 <ブロックリスト>をタップし、

Memo 非表示にした友だちを再表示する

手順3の画面で<非表示リスト>をタップすると、Sec.19の方法で非表示にした友だちが表示されます。<編集>→<再表示>の順にタップすると、「友だち」タブに再表示されます。

4 ブロックを解除したい友だちの<編集>をタップします。

5 <ブロック解除>をタップすると、ブロックが解除されます。

第2章 LINEの友だちを増やそう

Section 22

友だちを削除しよう

お役立ち度
★ ☆ ☆

ブロックより、強力に相手との交流をやめるには削除を行います。削除には、あらかじめ相手をブロックしておく必要があります。

1. Sec.20を参考に友だちをブロックします。
2. 「ホーム」画面の「友だち」タブを表示し、⚙をタップします。

3. 画面を上方向にスライドして、＜友だち＞をタップします。

友だち

友だち追加

友だち自動追加
端末の連絡先に含まれるLINEユーザーを自動で友だち追加します。更新ボタンをタップすると、現在の連絡先の情報を同期できます。 ☑

最終追加：
2019/04/05 18:19 ⟳

友だちへの追加を許可
あなたの電話番号を保存しているLINEユーザーが自動で友だちに追加したり、検索することができます。 ☐

友だち管理

非表示リスト

ブロックリスト (1)

---

4 <ブロックリスト>をタップし、

ブロックリスト

ブロックリストで削除しても相手からのメッセージを受信しません。
削除した後にメッセージを送るためには友だち追加（ID検索・QRコード・ふるふる）をする必要があります。

　とし　　　　　　　　　　　　　編集

---

5 削除したい友だちの<編集>をタップします。

LINEの友だちを増やそう

71

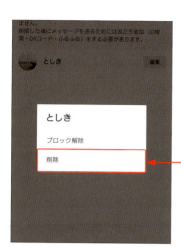

| 6 | ＜削除＞をタップします。 |

| 7 | ブロックリストから友だちが削除されました。 |

削除した友だちともう一度友だちになるには

削除した友だちと再度メッセージのやり取りをするには、もう一度友だちにならなくてはいけません。そのため、ブロックした友だちを削除するときは慎重に操作しましょう。一度ブロック・削除した友だちでも通常通り、電話番号検索やID検索、QRコードやふるふるでの友だち追加が可能です。

LINEのトークを
さらに楽しもう

Section 23 » LINEの基本はトーク!
Section 24 » メッセージに絵文字を入れよう
Section 25 » LINEのスタンプを使ってみよう
Section 26 » 無料のスタンプをダウンロードしよう
Section 27 » 有料のスタンプをダウンロードしよう
Section 28 » 友だちにスタンプをプレゼントしよう
Section 29 » スタンプの表示順序を変更しよう
Section 30 » 写真を送ろう
Section 31 » 動画を送ろう
Section 32 » トークルームの設定を変えてみよう
Section 33 » トークルームを整理しよう
Section 34 » トークの履歴を削除しよう
Section 35 » ノートを作って友だちと大事なことを共有しよう
Section 36 » アルバムを作って友だちと写真を共有しよう
Section 37 » 友だちからの写真をスマートフォンに保存しよう
Section 38 » 知らない相手からのメッセージを拒否しよう
Section 39 » ビデオ通話をしよう
Section 40 » 複数の友だちとトークしよう

第3章 LINEのトークをさらに楽しもう

Section 23

LINEの基本はトーク!

お役立ち度 ★★★

LINEの基本となるメッセージをやり取りする機能が「トーク」です。LINEをインストールしたら、まずは友だちや家族と楽しいトークを始めましょう。

気軽さで人気の「トーク」

LINEがほかのSNSと異なるのは、不特定多数とのオープンな交流が基本のSNSに対して、仲のよい友だちや特定のグループ内での閉じた環境で会話を楽しむためのメッセンジャーアプリである点です。LINEは短い文章(メッセージ、テキスト)をかんたんに送れます。メールやチャットのいいとこ取りともいえるでしょう。気のおけない友だちや家族とのおしゃべり、電話をかけるまでもないちょっとした連絡に最適なツールといえます。メールのようにいちいち宛先や件名を入力する必要はありません。昨日のおしゃべりの続きをすぐに始められます。

トークをもっと楽しむために

文字ばかりのやり取りだけでは、味気ないトークになってしまいます。ケータイで絵文字を駆使して感情を表現し、メールを盛り上げたように、LINEのトークではスタンプが大活躍します。あらかじめ用意されているLINEスタンプのほかに、スタンプショップでは人気キャラクターやおもしろスタンプが追加できます。多くの場合は有料ですが、条件付きで無料ダウンロードできるものもあります。言葉で表現しにくい感情を表しやすかったり、印象的な受け答えができたりするため、人気を集めています。

スタンプショップでは、有料、無料のたくさんのスタンプが入手できます。

トークで送れるもの

トークの基本はテキストでのメッセージですが、スタンプを始め、写真や動画もメール感覚で送信できます。
トークでは今いる場所や指定した場所の情報を気軽に送信できる「位置情報」や、声のメッセージを録音して送信できる「ボイスメッセージ」といった一風変わった機能にも注目です。さらに、「Keep」では、メッセージや添付アイテムの保管や共有をすることができます。受信した大切な写真やファイルのバックアップとしても活用できます。

テキストだけではなく、スタンプや写真、動画、位置情報、音声などを送信できます。

第3章 LINEのトークをさらに楽しもう

Section 24

メッセージに絵文字を入れよう

お役立ち度 ★★☆

LINEでは、メッセージに絵文字を追加することもできます。また、絵文字を単体で送信すればスタンプのような使い方もできるので便利です。

1 絵文字を送りたいトークルームを開き、メッセージを入力して、

2 ☺をタップします。

Memo 初回のスタンプのダウンロード

初回のみスタンプのプレビュー機能についての画面が表示されます。<OK>→<ダウンロード>をタップすると、スタンプをダウンロードできます。

3 スタンプ画面が表示されたら◘をタップし、絵文字画面に切り替えます。

4 使用する絵文字のセットのアイコンをタップします。

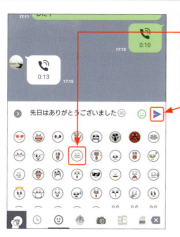

5 送信する絵文字をタップし、

選択した絵文字がメッセージ内に挿入されます。

6 ▶ をタップすると、

7 絵文字が入ったメッセージが送信されます。

Step Up 絵文字を単体で送信する

メッセージの入力欄にテキストを入力せずに絵文字だけを送信すると、スタンプのように絵文字の画像だけが大きく表示されます。

絵文字が大きく表示されます。

第3章 LINEのトークをさらに楽しもう

Section 25

LINEのスタンプを使ってみよう

お役立ち度

トークを盛り上げるのに役立つスタンプを友だちに送信しましょう。テキストでは伝えきれない気分やユーモアが表現でき、トークが一層楽しくなります。

1 スタンプを送りたいトークルームを開き、

2 ☺をタップします。

3 使用するスタンプのセットのアイコンをタップします。

Memo 絵文字が表示される場合

手順 2 のあとに絵文字画面が表示された場合は、🔲をタップしてスタンプ画面に切り替えます。

| 4 | 送信するスタンプをタップし、 |

| 5 | 大きくプレビュー表示されたスタンプをもう一度タップすると、 |

| 6 | スタンプが送信されます。 |

Step Up スタンプを選び直す

手順6で選択したスタンプを選び直したいときは、ほかのスタンプまたはスタンプセットのアイコンをタップします。スタンプを送らずにトークルームに戻るには、スタンプ以外の場所をタップします。

第3章 LINEのトークをさらに楽しもう

Section 26

無料のスタンプをダウンロードしよう

お役立ち度 ★★★

LINEでは最初に入っているもの以外にも無料／有料でスタンプを追加できます。ここでは、無料スタンプをダウンロードします。

1 「ホーム」画面を表示し、⚙をタップします。

2 「設定」画面が表示されるので、＜スタンプ＞をタップします。

3 <マイスタンプ>をタップし、

4 未ダウンロードであることを示すスタンプの右側に表示された⬇をタップします。

Memo まとめてダウンロードする

⬇が付いたスタンプをまとめてダウンロードする場合は、手順 4 で画面下部の<すべてダウンロード>をタップします。

5 ダウンロードが開始されます。

ダウンロードを中止する

スタンプのダウンロードを中止する場合は、◎ をタップするか、＜キャンセル＞をタップします。

6 ダウンロードしたスタンプをタップします。

7 スタンプの内容が表示されます。

8 Sec.25を参考にスタンプ画面を表示すると、ダウンロードしたスタンプが利用できるようになっています。

第3章 LINEのトークをさらに楽しもう

Section
27

有料のスタンプを
ダウンロードしよう

お役立ち度
★★★

有料のスタンプを購入するには、LINE内のお金である「コイン」を利用します。スタンプを購入する前に、コインをチャージしておきましょう。

1 P.80手順1を参考に「設定」画面を開き、

2 ＜コイン＞をタップします。

3 ＜チャージ＞をタップし、

4 チャージするコインの金額をタップします。

5 <次へ>をタップし、

すでにGoogle Playに支払い情報を登録済みの場合は、ここで<購入>をタップし、Googleアカウントのパスワードを入力して<確認>をタップすると、購入が完了します。

6 支払い方法を選択して、画面に従って操作を進めます。

利用しているスマートフォンのキャリアによって、表示内容が異なります。

7 <購入>をタップします。

8 チャージが完了し、「保有コイン」にチャージした分のコインが表示されます。

Memo 各支払い方法

キャリア決済を選択すると、毎月の利用料金とあわせて料金の支払いができます。コードによる支払いは、コンビニなどで販売しているGoogle Playギフトカードに記載されているコードを利用して支払いができます。

3 LINEのトークをさらに楽しもう

有料のスタンプをダウンロードする

1 「ホーム」画面を表示し、

2 ＜スタンプ＞をタップします。

「スタンプ」タブに移動し、さまざまな種類のスタンプを見ることができます。

3 購入したいスタンプをタップします。

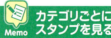

Memo カテゴリごとにスタンプを見る

手順**1**の画面で＜ウォレット＞をタップし、＜スタンプショップ＞をタップすると、画面上部に表示される「人気」「新着」「イベント」といったカテゴリごとにスタンプを見ることができます。

4 <購入する>をタップします。

5 <確認>をタップすると、ダウンロードが開始されます。

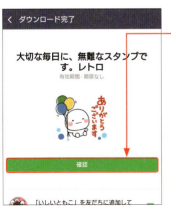

6 ダウンロードが完了したら、<確認>をタップします。

無料のスタンプと同様に、有料のスタンプもダウンロードしたあとすぐにトークのスタンプ画面から利用できます。

第3章 LINEのトークをさらに楽しもう

Section 28

友だちにスタンプをプレゼントしよう

お役立ち度 ★★☆

LINEのスタンプは、購入して友だちにプレゼントすることもできます。日ごろLINEでやり取りしている友だちにプレゼントしてみましょう。

1 P.86手順1を参考に「スタンプ」タブを開き、

2 プレゼントしたいスタンプをタップして、

3 <プレゼントする>をタップします。

4 スタンプをプレゼントしたい友だちの をタップしてチェックを付け、

5 <次へ>をタップします。

6 友だちに送るテンプレートをタップして選択し、

7 ＜プレゼントを購入する＞をタップします。

8 ＜OK＞をタップすると、

9 トークルームが表示され、スタンプと「プレゼントを贈りました。」というメッセージが送信されます。

Hint スタンプをプレゼントされたら

スタンプをプレゼントされた側には、「プレゼントが届きました。」というメッセージが届きます。メッセージ内の＜受けとる＞をタップすると、プレゼントされたスタンプをダウンロードできます。

3 LINEのトークをさらに楽しもう

第3章 LINEのトークをさらに楽しもう

Section

29

スタンプの表示順序を変更しよう

お役立ち度
★★☆

トークの入力画面に表示されるスタンプの順序は変更することができます。よく利用するスタンプを先頭にするなど、使いやすいように変更しましょう。

1 P.80手順**1**を参考に「設定」画面を開き、

2 <スタンプ>をタップします。

< 設定

ショップ
😊 スタンプ
👔 着せかえ
🕐 コイン

基本設定
🔊 通知
📷 写真と動画
💬 トーク
📞 通話
LINE Out

3 <マイスタンプ編集>をタップします。

< スタンプ

スタンプ
マイスタンプ

マイスタンプ編集

購入履歴

プレゼントボックス

スタンプ送信
ポップアップスタンプ自動再生 ✅
スタンププレビュー ✅

マイスタンプ編集

スタンプ(5) 絵文字(24)

スタンプを削除したり、スタンプの順序（トークの入力画面）を変更したりできます。

 カナヘイのゆるっと敬語
有効期間：期限なし 削除

デカ絵文字
有効期間：期限なし 削除

動くブラウン＆コニー・サリ...
有効期間：期限なし 削除

動くチョコ＆LINEキャラ スペ...
有効期間：期限なし 削除

ユニバースター BT21 スペシ...
有効期間：期限なし 削除

バラエティ豊かなスタンプや絵文字をチェックしよう！

スタンプショップ

4 順番を変更したいスタンプの ≡ を上下にドラッグして任意の場所に移動します。

Step Up 絵文字の表示順序を編集する

画面上部の＜絵文字＞をタップすると、保有している絵文字が表示されます。絵文字の表示順序もスタンプと同様の操作で変更できます。

マイスタンプ編集

スタンプ(5) 絵文字(24)

スタンプを削除したり、スタンプの順序（トークの入力画面）を変更したりできます。

 動くブラウン＆コニー・サリ...
有効期間：期限なし 削除

 カナヘイのゆるっと敬語
有効期間：期限なし 削除

 デカ絵文字
有効期間：期限なし 削除

動くチョコ＆LINEキャラ スペ...
有効期間：期限なし 削除

ユニバースター BT21 スペシ...
有効期間：期限なし 削除

バラエティ豊かなスタンプや絵文字をチェックしよう！

スタンプショップ

5 スタンプの順番が変更されました。

Step Up スタンプを削除する

各スタンプの＜削除＞をタップすると、スタンプが削除されます。一度削除したスタンプは、手順**3**の画面の＜マイスタンプ＞をタップすると再ダウンロードできます。

第3章 LINEのトークをさらに楽しもう

Section 30

写真を送ろう

お役立ち度 ★★☆

メッセージとして送れるのは、スタンプや絵文字だけではありません。お気に入りの写真やその場で撮影した写真などを送ってみましょう。

1 写真を送りたいトークルームを開き、

2 🖼 をタップします。

Hint 写真を撮影して送る

その場で撮影した写真を送信したいときは、手順2の画面で 📷 をタップしてカメラを起動します。

3 送信したい写真のサムネイルをタップし、

Hint 複数枚の写真を送る

手順3や手順4の画面でをタップすると、複数の写真を選択することができます。

4 ▶をタップすると、

Hint 写真を切り替える

写真を左右にスライドすると、前後の写真に切り替えることができます。

5 写真が送信されます。

Memo 写真に効果を加える

手順4の画面で画面上部の をタップすると、フィルター効果を追加することができます。ほかにも で写真を回転させたり、 でステッカーを貼ったりといった編集ができます。

3 LINEのトークをさらに楽しもう

第3章 LINEのトークをさらに楽しもう

Section

31

動画を送ろう

お役立ち度 ★★☆

旅先の様子やみんなで撮った動画を、メッセージで送信しましょう。時間の長い動画は、送信前に編集することもできます。

1. 動画を送りたいトークルームを開き、
2. をタップします。

🔍Hint 動画を撮影して送る

その場で撮影した動画を送信したいときは、手順2の画面で をタップしてカメラを起動します。

3. 送信したい動画のサムネイルをタップし、

📝Memo 写真と動画のサムネイルの違い

動画のサムネイルには ▶ が表示されています。

4 ▶をタップすると、

5 動画が送信されます。

Step Up 動画を編集する

手順4の画面で画面上部の✂をタップすると、動画の長さを編集することができます。

第3章 LINEのトークをさらに楽しもう

Section 32
トークルームの設定を変えてみよう

お役立ち度 ★★☆

トークルームの背景は自由に変更することができます。背景デザインは豊富に用意されているので、友だちごとに種類を変えて楽しみましょう。

1 背景を変えたいトークルームを開き、

2 ▽をタップします。

3 ＜設定＞をタップし、

4 ＜背景デザイン＞をタップして、

5 <デザインを選択>をタップします。

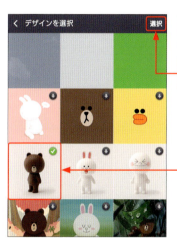

6 変更したい背景デザインをタップし、

7 <選択>をタップすると、

8 トークルームに戻り、背景デザインが変更されていることが確認できます。

第3章 LINEのトークをさらに楽しもう

Section 33

トークルームを整理しよう

お役立ち度 ★★☆

トークルームは「受信時間」「未読メッセージ」「お気に入り」の3つの順番に並べ替えることができます。見やすいようにカスタマイズしてみましょう。

1 「トーク」画面を表示し、 ⋮ をタップします。

2 ＜トークを並べ替える＞をタップします。

3 並び替えたい順番をタップします(ここでは<お気に入り>)。

4 トークルームの順番が変更されます。

第3章 LINEのトークをさらに楽しもう

Section 34

トークの履歴を削除しよう

お役立ち度 ★★☆

トークルームの履歴は、友だちごとに削除することができるほか、すべてのトーク履歴を一括で削除することも可能です。

1 履歴を削除したいトークルームを開き、
2 ᐯをタップします。

3 <設定>をタップし、

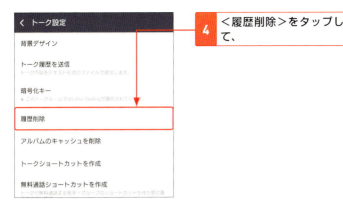

4 <履歴削除>をタップして、

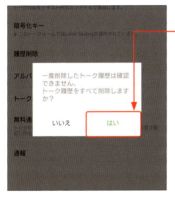

5 <はい>をタップすると、トーク履歴が削除されます。

すべてのトーク履歴を削除する

「ホーム」画面で⚙をタップし、<トーク>→<すべてのトーク履歴を削除>→<はい>の順にタップすると、すべてのトーク履歴を削除することができます。

第3章 LINEのトークをさらに楽しもう

Section **35**

ノートを作って友だちと大事なことを共有しよう

お役立ち度 ★★☆

大切な情報や写真は、「ノート」という機能を利用して共有しましょう。ノートでは、トークルームで埋もれてしまいがちな情報をすぐに表示できます。

1 ノートを作りたいトークルームを開き、

2 📋 をタップします。

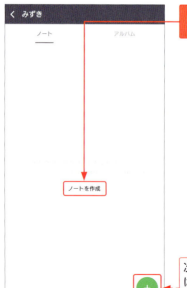

3 ＜ノートを作成＞をタップします。

次回以降ノートに投稿する場合は、➕→＜投稿＞の順にタップします。

4	ノートの投稿画面が表示されるので、投稿したい内容を入力し、
5	<投稿>をタップします。

6	ノートに投稿した内容が表示されます。

ノートに写真を投稿する

手順5の画面で 🖼 をタップし、投稿したい写真をタップして<選択>をタップすると、投稿画面に写真が挿入されます。

第3章 LINEのトークをさらに楽しもう

Section 36

アルバムを作って友だちと写真を共有しよう

お役立ち度 ★★★

「アルバム」機能を利用すれば、複数の写真をアルバムにして、友だちや家族と共有することができます。写真をまとめて送りたいときに便利です。

1 アルバムを作りたいトークルームを開き、

2 ∨をタップします。

3 <アルバム>をタップし、

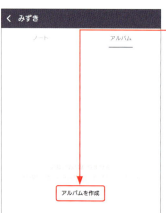

4 <アルバムを作成>をタップします。

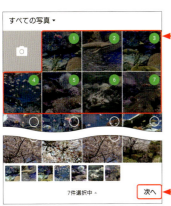

5 アルバムに投稿したい写真の◯をタップして選択し、

6 <次へ>をタップします。

7 アルバムのタイトルを入力し、

8 <作成>をタップすると、

> **Hint アルバムのタイトルを入力しない場合**
>
> 手順**7**でアルバムのタイトルを入力せずに<作成>をタップすると、自動的にアルバムの作成日が入ります。

9 アルバムが作成されます。

次回以降アルバムに投稿する場合は、◯をタップします。

第3章 LINEのトークをさらに楽しもう

Section 37

友だちからの写真を スマートフォンに保存しよう

お役立ち度 ★★★

送信された写真や動画には、保存期間が決まっています。残しておきたいデータはスマートフォン内かLINEの「Keep」に保存しておきましょう。

スマートフォンに保存する

1 写真が送られてきたトークルームを開き、

2 保存したい写真をタップします。

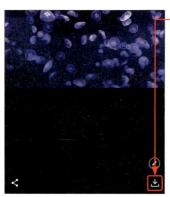

3 をタップすると、

4 写真がスマートフォンに保存されます。

Keepに保存する

1 Keepに保存したい写真を長押しし、

2 ＜Keepに保存＞をタップします。

Keyword　Keepとは

KeepとはLINE上の保存機能のことで、テキスト、写真、動画など、さまざまなデータを保存できます。

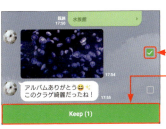

3 Keepに保存したい写真の■をタップしてチェックを付け、

4 ＜Keep＞をタップすると、

5 保存が完了します。

6 ＜プロフィールへ＞をタップし、

＜Keep＞をタップすると、Keepに保存した写真を確認できます。

第3章 LINEのトークをさらに楽しもう

Section 38

知らない相手からのメッセージを拒否しよう

お役立ち度 ★★★

面識のない人からメッセージが送られてきて困る場合は、友だち以外からのメッセージを拒否しましょう。「メッセージ受信拒否」から設定します。

1 「ホーム」画面を表示し、⚙をタップします。

2 <プライバシー管理>をタップします。

3 <メッセージ受信拒否>の□をタップします。

4 「メッセージ受信拒否」が有効になり、友だち以外からのメッセージを拒否できるようになります。

Memo 知らない相手が自分を友だちに追加している場合

LINEでは友だちに追加していないアカウントには、メッセージを送ることができません。自分が友だちに追加していなくても、相手が自分を友だちに追加していると、メッセージが自分へと送られることがあります。

第3章 LINEのトークをさらに楽しもう

Section 39 ビデオ通話をしよう

お役立ち度 ☆☆☆

LINEでは、ビデオ通話もできます。パケット通信料は無料になりませんが、家庭などのWi-Fiを利用すればデータ通信量を気にせず使えます。

1 「ホーム」画面から＜友だち＞をタップして「友だち」タブに移動し、

2 ビデオ通話をしたい友だちをタップして、

3 ＜ビデオ通話＞をタップします。

Memo パケット通信料に注意

ビデオ通話でのやり取りは多くのデータ通信量を必要とするので、Wi-Fi接続時以外の使いすぎに気を付けましょう。

| 4 | 呼び出し中の画面が表示されます。 |

■をタップすると、呼び出しがキャンセルされます。

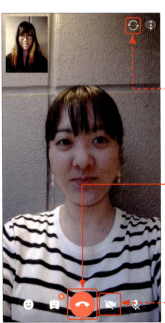

| 5 | 相手がビデオ通話に応答したら、画面に相手の顔が表示されます。 |

■をタップすると、外向けのカメラに切り替わります。

こちら側を写したくないときは■をタップすると、こちら側の画面が真っ黒になります。

| 6 | ■をタップすると、ビデオ通話が終了します。 |

第3章 LINEのトークをさらに楽しもう

Section 40

複数の友だちとトークしよう

お役立ち度 ★★☆

トークは3人、4人と複数の友だちどうしで集まっても会話を楽しめるのが大きな特徴です。トークの途中でほかの友だちを追加することもできます。

1 「トーク」画面を表示し、をタップします。

2 トークに招待したい友だちの をタップし、

3 チェックを付けて、

4 ＜作成＞をタップします。

5 新しいトークルームが作成されます。

この時点では招待した友だちに通知が送られることはありません。

LINEのトークをさらに楽しもう

6 手順3で招待した友だちとメッセージのやり取りができきます。

複数の友だちとのトークルームからできること

トークの途中でほかの友だちを招待したいときは、トークルームの右上の∨をタップし、＜招待＞をタップします。なお、途中から参加したメンバーは、参加する前のトークの内容は見ることができません。また、複数人でトークするための機能としてグループ（Sec.41参照）もあります。さきほど表示した画面で＜グループ作成＞をタップすると、複数人トークの友だちを招待する形でグループが作成できます。

第4章

LINEの
グループを作ろう

Section 41 ≫ 大人数のトークにはグループが便利!
Section 42 ≫ 自分のグループを作ろう
Section 43 ≫ 友だちのグループに参加しよう
Section 44 ≫ グループメンバーを確認しよう
Section 45 ≫ グループに友だちを招待しよう
Section 46 ≫ グループにメッセージを送ろう
Section 47 ≫ グループのアイコンを変更しよう
Section 48 ≫ グループでアルバムを作ろう
Section 49 ≫ アルバムの写真をまとめて保存しよう
Section 50 ≫ グループを退会しよう

第4章 LINEのグループを作ろう

Section 41

大人数のトークにはグループが便利!

お役立ち度 ★☆☆

グループを作ると、所属するメンバー間でコミュニケーションが取れます。仲のよい友だちや職場などのグループを作って情報交換をしましょう。

メンバーで同じことが共有できる「グループ」

「トーク」では、友だちと1対1または複数人でのメッセージのやり取りができましたが、「グループ」を作ると、さらに大勢で話題を共有することができます。同窓会など、大人数の予定を立てたいときにも、あらかじめグループを作っておけば、同じ要件を個別にそれぞれの友だちに連絡する手間がかからず便利です。基本的には「トーク」と同じことができるので、気軽にメンバー間でのおしゃべりが楽しめます。

グループでできること

グループでは、「グループトーク」に加えて、「グループノート」や「グループアルバム」が利用できます。

グループトークでは、メンバー間での気軽なおしゃべりが楽しめます。LINEのさまざまな機能を利用して、グループ通話やチャットライブができることも魅力の1つです。また、投票機能や日程調整機能を活用して、メンバー全員の予定を合わせることもかんたんに行えます。

グループトークで決定した大事な情報は、グループノートに投稿しておきましょう。グループトークでは会話が積み重なっていくため、グループメンバー全員にうまく伝わらない可能性がありますが、それを防ぐことができます。

楽しい思い出の写真は、グループアルバムにまとめることで、おのおのが撮った写真を全員で共有することができます。グループのメンバーであれば、アルバムに写真を追加することも、アルバムの写真をスマートフォンに保存することも自由に行えます。

メンバー全員に伝えたい決定事項などの大事な情報は、ノートにして投稿しましょう。

メンバー全員で共有したい写真は、アルバムにまとめましょう。

第4章 LINEのグループを作ろう

Section 42

自分のグループを作ろう

お役立ち度 ★★★

グループは、仲のよい友だちやサークル、チームなど特定のメンバー間でのトーク、さらにノートやアルバムといった機能が利用できます。

1. 「ホーム」画面から<友だち>をタップして「友だち」タブに移動し、
2. <グループ作成>をタップします。

3. グループに招待する友だちをタップしてチェックを付け、
4. <次へ>をタップします。

Memo グループに招待できるメンバー数

1つのグループに招待できるメンバー数は最大499人です。自分を含めた500人でグループトークをすることができます。

5 「プロフィールを設定」画面で＜グループ名＞をタップし、

6 グループの名前を入力して、

7 ＜作成＞をタップします。

4 LINEのグループを作ろう

 8 グループが作成されます。

Memo メンバーの参加

招待したメンバーのもとには、グループに招待された旨が通知されます。通知を受け取ったメンバーが「参加」を表明するまでは保留扱いになります（Sec.43参照）。

Step Up グループと複数人トークの違い

「グループトーク」も「複数人トーク」も、複数の友だちとトークや無料通話ができる点では同じです。しかし、複数人トークではノートとアルバムが利用できないことや、グループは「友だち」タブに表示される一方で、複数人のトークは表示されないことなど、異なる点もあります。また、グループは、グループ名やアイコン写真の設定など、さまざまな設定が行えます。

グループトーク

複数人トーク

	作成したグループは「友だち」タブの「グループ」欄に追加されます。
9	

グループの設定を変更する

手順9の画面でグループをタップすると、手順8の画面になり、⚙をタップすると、「トーク設定」画面が表示されます。

グループ名をタップすると、グループ名の変更ができます。

また、同画面でアイコン写真をタップし、<プロフィール画像を変更>をタップすると、グループのアイコンの変更が行えます（Sec.47参照）。

なお、手順9の画面でグループをタップし、メンバーのアイコン部分→＋→<招待>をタップすると、メンバーの追加ができます（Sec.45参照）。

4 LINEのグループを作ろう

121

第4章 LINEのグループを作ろう

Section 43

友だちのグループに参加しよう

お役立ち度 ★★☆

グループに招待されると、友だちリストに「招待されているグループ」という項目が追加されます。参加を表明して、グループに仲間入りしましょう。

| 1 | 「ホーム」画面から＜友だち＞をタップして「友だち」タブに移動し、 |
| 2 | 招待されているグループをタップして、 |

| 3 | ＜参加＞をタップします。 |

このとき（メンバーの人数によって数字は変わります）をタップすると、グループの参加者を確認できます。

グループへの参加が完了します。

4 <グループ表示>をタップすると、

5 グループ用のトークルームが表示されます。

参加するとメッセージが表示されます。

「トーク」画面からグループに参加する

「トーク」画面にも招待を受けたグループが追加されます。招待されたグループをタップし、グループトークの画面から<参加>をタップすることも可能です。なお、<拒否>してもグループのメンバーには通知されません。

第4章 LINEのグループを作ろう

Section 44

グループメンバーを確認しよう

お役立ち度 ★★☆

「グループ」画面では、グループに参加しているメンバーや、それぞれのメンバーのプロフィールを確認することができます。

1 「ホーム」画面から＜友だち＞をタップして「友だち」タブに移動し、

2 メンバーを確認したいグループをタップして、

3 （メンバーの人数によって数字は変わります）をタップします。

グループに参加しているメンバーが表示されます。

4 メンバーの個別のプロフィールを確認する場合は、任意のメンバーをタップします。

メンバーのプロフィールが表示されます。

第4章 LINEのグループを作ろう

Section 45

グループに友だちを招待しよう

お役立ち度 ★★☆

自分が参加しているグループにあとから友だちを招待できます。友だちを招待するときはほかのメンバーに招待してよいか確認しておきましょう。

1. 「ホーム」画面から<友だち>をタップして「友だち」タブに移動し、

2. 友だちを招待したいグループをタップして、

3. （メンバーの人数によって数字は変わります）をタップします。

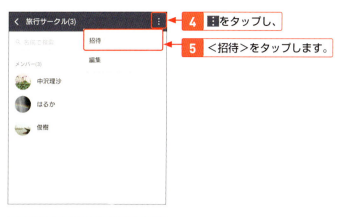

4 ■をタップし、

5 <招待>をタップします。

6 グループに招待する友だちをタップしてチェックを付け、

7 <招待>をタップすると、

8 友達が招待中になり、招待メッセージが送信されます。

第4章 LINEのグループを作ろう

Section 46

グループに
メッセージを送ろう

お役立ち度 ★★☆

> グループへの投稿は、常にグループのトークルームで行います。メッセージの投稿方法は通常のトークと同じなので、迷わず操作できます。

1 <トーク>をタップし、

2 トークしたいグループをタップして、

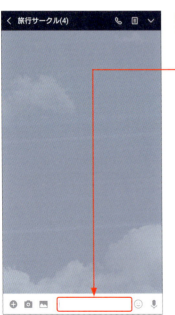

グループ用のトークルームが表示されます。

3 メッセージの入力欄をタップします。

Memo グループトークの通知

グループトークでメッセージを受信すると、通常のトークのように「トーク」画面に通知されます。

128

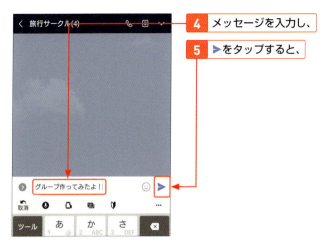

4 メッセージを入力し、

5 ▶をタップすると、

6 メッセージが送信されます。

送信したメッセージは、グループに参加中のメンバー全員が閲覧できます。

Memo グループノートとグループアルバムを利用する

グループでは、グループノートやグループアルバムが利用できます。たくさんのトークが交わされたあと、重要な内容を確認するとなると探すのが大変ですが、グループノートに投稿しておくと、あとからでもすぐに見ることができ便利です。また、グループアルバムにはグループ内の友だちだけで共有したい写真を投稿することができます (Sec.48参照)。

第4章 LINEのグループを作ろう

Section 47

グループのアイコンを変更しよう

お役立ち度 ★☆☆

グループを作成すると、アイコンが自動的に設定されますが、グループメンバーがオリジナルの写真をアイコンに設定することもできます。

1 グループのトークルームで✓をタップし、

2 <設定>をタップします。

3 グループのアイコンをタップし、

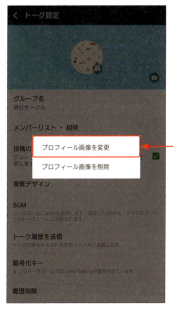

4 <プロフィール画像を変更>をタップします。

ここでは、スマートフォンに保存している写真をグループアイコンに設定します。

5 <写真を選択>をタップし、

6 グループのアイコンにしたい写真をタップします。

7 ■をドラッグし、必要に応じて写真をトリミングして、

8 <次へ>をタップします。

9 必要に応じてフィルターなどを適用し、

10 <完了>をタップすると、

11 写真がグループアイコンに反映されます。

第4章 LINEのグループを作ろう

Section 48 グループでアルバムを作ろう

お役立ち度 ★★★

グループでも写真のアルバムを作成することができます。グループのメンバーと共有したい写真は、アルバムにまとめてみましょう。

1 「ホーム」画面から＜友だち＞をタップして「友だち」画面に移動し、

2 アルバムを作りたいグループをタップして、

3 ＜アルバム＞をタップします。

4 ＜アルバムを作成＞（もしくは●）をタップします。

5	アルバムに追加したい写真の◉をタップし、
6	＜次へ＞をタップします。

7	アルバム名を入力し、
8	＜作成＞をタップすると、アルバムが作成されます。

作成したアルバムは手順4の画面に表示され、タップすると写真が一覧で表示されます。

Memo アルバムの容量

LINEのアルバムは、1つのトークルームに100個まで作ることができます。テーマごとにアルバムを作ると、整理しやすく便利です。なお、1つのアルバムにつき1,000枚の写真を登録できます。

第4章 LINEのグループを作ろう

Section 49

アルバムの写真をまとめて保存しよう

お役立ち度 ★★☆

友だちが登録したアルバムの写真は、スマートフォンに保存することができます。保存した写真は「アルバム」アプリなどに保存されます。

1 友だちが登録したアルバムの写真を保存するには、トーク画面の「アルバムに写真を追加しました」のメッセージをタップし、

2 ︙をタップします。

3 ＜写真を選択＞をタップし、

Step Up アルバムの写真をすべて保存する

＜アルバムをダウンロード＞をタップすると、アルバムの写真をすべてスマートフォンに保存することができます。

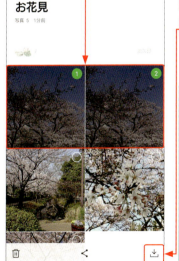

4 保存したい写真をタップして、

5 ⬇ をタップすると、

Memo 選択した写真を削除／共有する

ここでは手順 **5** で ⬇ をタップして、写真をスマートフォンに保存しましたが、🗑 をタップすると、選択した写真をアルバムから削除でき、< をタップすると、トークやタイムラインなどでグループ以外の友だちと共有することができます。

6 写真がスマートフォンに保存されます。

第4章 LINEのグループを作ろう

Section 50 グループを退会しよう

お役立ち度 ★☆☆

一度は参加してみたグループをやめたくなったときは、いつでも退会できます。グループを退会すると、グループトークの画面に退会が通知されます。

1	退会したいグループのトークルームの右上にある⌄をタップし、
2	＜退会＞をタップします。

3	確認のメッセージが表示されます。
4	内容を確認して＜はい＞をタップします。退会したグループの履歴はすべて削除されます。ほかのメンバーのグループトークには、自分が退会したことが表示されます。

第5章

LINEで困ったときのQ&A

- Section 51 » 不要な通知をオフにしたい!
- Section 52 » ほかの人にメッセージを見られないようにしたい!
- Section 53 » 勝手に見られないようパスワードをかけたい!
- Section 54 » 既読を付けないでメッセージを確認したい!
- Section 55 » 自分がブロックされているか知りたい!
- Section 56 » 登録したメールアドレスを変更したい!
- Section 57 » 知らない人から不審なメッセージが来た!
- Section 58 » 勝手にログインされていないかを確認したい!
- Section 59 » アカウントが誰かに乗っ取られてしまった!
- Section 60 » 最新のアプリを使えるようにしたい!
- Section 61 » 新しいスマートフォンでもLINEを使いたい!
- Section 62 » スマートフォンをなくしてしまった!
- Section 63 » LINEが起動しないので何とかしたい!
- Section 64 » アカウントを削除したい!

第5章 LINEで困ったときのQ&A

Section 51
不要な通知をオフにしたい！

お役立ち度 ★★★

通知が多くて気になるときなどは、通知をオフにしましょう。通知の設定は、通知項目や友だち別など、細かく設定することができます。

1 「ホーム」画面を表示し、⚙をタップして、

2 ＜通知＞をタップします。

3 「通知」の✅をタップしてチェックを外すと、すべての通知がオフになります。

4 手順3の画面をスクロールすると、各項目の通知設定が表示されます。

5 各項目の✅をタップしてチェックを外すと、その項目の通知がオフになります。

Memo 友だち別にトークの通知をオフにする

友だちやグループのトークルームを表示し、画面右上の☑をタップして＜通知オフ＞をタップすると、個別に通知をオフにできます。

第5章 LINEで困ったときのQ&A

Section 52

ほかの人にメッセージを見られないようにしたい!

お役立ち度 ★★★

通知に表示されるメッセージの内容をほかの人に見られないようにするためには、「メッセージ通知の内容表示」をオフにします。

1 「ホーム」画面を表示し、⚙をタップして、

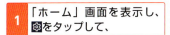

2 <通知>をタップします。

3 「メッセージ通知の内容表示」の✅をタップしてチェックを外すと、

4 通知にメッセージの内容が表示されなくなります。

第5章 LINEで困ったときのQ&A

Section

53

勝手に見られないよう
パスワードをかけたい!

お役立ち度
⭐⭐⭐

LINEはパスコード（パスワード）で、勝手にトークや
友だちを見られるのを防げます。パスコードには自
分が覚えやすい数字を登録しましょう。

1 「ホーム」画面を表示し、
⚙をタップして、

2 ＜プライバシー管理＞を
タップします。

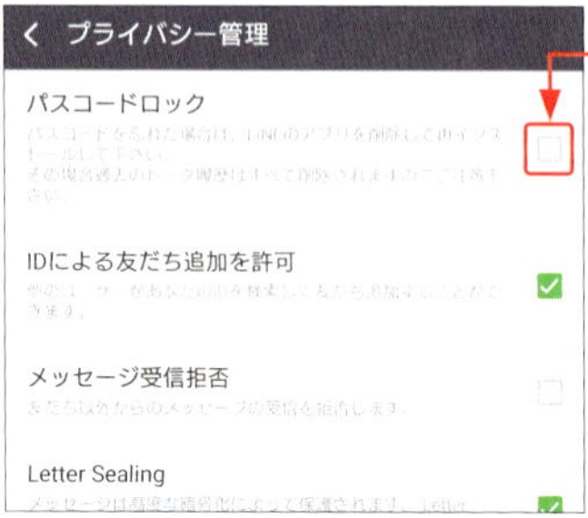

3 「パスコードロック」の □
をタップし、

4 パスコードに設定したい数字を2回入力して、

Memo 覚えやすい数字を設定する

パスコードは4ケタの数字を設定します。パスコードを忘れるとアプリを起動させることができなくなるため、自分が覚えやすい数字を設定したり、設定した数字のメモを残したりしましょう。

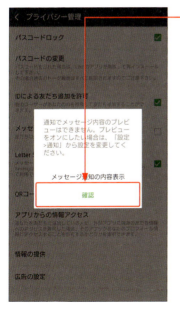

5 <確認>をタップします。

次回以降、「LINE」アプリを起動するたびにパスコードの入力が求められます。

第5章 LINEで困ったときのQ&A

Section 54

既読を付けないでメッセージを確認したい!

お役立ち度 ★★☆

メッセージを読んだときに相手側に表示される「既読」は、取り消すことができません。既読を付けずにメッセージを確認する方法を覚えておきましょう。

既読を付けずにメッセージを確認する

メッセージが届いてもすぐに返信できないときや、すぐに返信したくないときでも、一度LINEでメッセージを見てしてしまうと、既読が相手に表示されてしまいます。「読まれているのに返信してもらえない」と相手が思わないよう、既読を付けずにメッセージを読む方法が、2つ挙げられます。

1つ目の方法は、「メッセージ通知の内容表示」（Sec.52参照）がオンになっている状態で受信したメッセージを下方向にフリックすれば、、トークルームを表示しないで内容を確認できます。

2つ目の方法は、端末を機内モードに設定してから、トークルームを表示する方法です。ただし、この方法でメッセージを読んだあとに機内モードを解除すると、相手に既読が表示されてしまうため、注意が必要です。

通知のメッセージ部分を下方向にフリックすることで、メッセージの全文を読むことができます。

メッセージが届いたら、機内モードに設定してからLINEのトークルームを表示すると、既読が相手側に表示されません。

第5章 LINEで困ったときのQ&A

Section 55

自分がブロックされているか知りたい！

お役立ち度 ★★★

有料スタンプをプレゼントすることで、ブロックされているか確認できます。確実な方法というわけではないので参考として考えましょう。

1 「ホーム」画面を表示し、

2 <スタンプ>をタップして、

3 有料スタンプを検索します（Sec.27参照）。

4 任意のスタンプを選び、<プレゼントする>をタップしたら、

5 確認したい友だちの を タップして選択し、

6 <次へ>をタップします。

7 初めて送るスタンプなのに「確認」と表示された場合、相手にブロックされている可能性があります。

第5章 LINEで困ったときのQ&A

Section 56

登録したメールアドレスを変更したい!

お役立ち度 ★★★

LINEに登録したメールアドレスは変更することができます。メールアドレスを登録していない場合は、Sec.61の操作で登録しておきましょう。

1 「ホーム」画面を表示し、⚙をタップして、

2 <アカウント>をタップします。

3 <メールアドレス>をタップし、

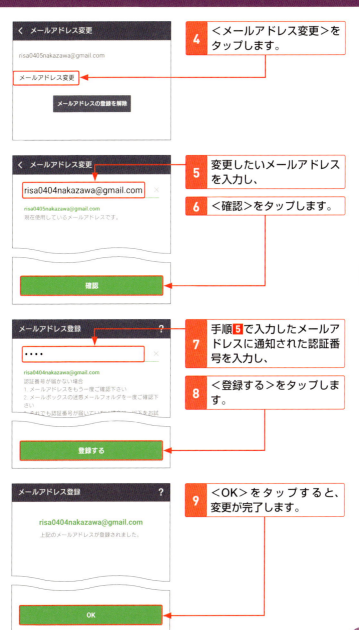

第5章 LINEで困ったときのQ&A

Section 57

知らない人から不審なメッセージが来た!

お役立ち度 ☆☆☆

不審なメッセージが届いたり、迷惑行為があったりする場合は、LINEに通報しましょう。通報すると、LINE側が調査を行うなどの対応を行ってくれます。

1 不審なメッセージを送ってきたり迷惑行為を行ったりしてきた相手のトークルームを表示し、

2 ▽をタップして、

3 <設定>をタップします。

4 <通報>をタップし、

5 通報する理由をタップして選び、

6 <同意して送信>をタップすると、通報が完了します。

第5章 LINEで困ったときのQ&A

Section 58

勝手にログインされていないかを確認したい!

お役立ち度
★★★

現在のアカウントにログインしている端末を確認することができます。身に覚えのない端末にログインされていたら、ログアウトさせましょう。

---

1 「ホーム」画面を表示し、⚙をタップして、

2 <アカウント>をタップします。

3 <ログイン中の端末>をタップすると、

4 アカウントにログインしている端末が表示されます。

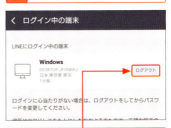

5 身に覚えのない端末にログインされていた場合、<ログアウト>をタップすると、

6 そのアカウントをログアウトさせることができます。

第5章 LINEで困ったときのQ&A

Section

59

アカウントが誰かに乗っ取られてしまった!

お役立ち度
★★★

もしアカウントが不正ログインの被害に遭ってしまった場合は、「ヘルプ」からLINEに報告し、アカウントを削除しましょう。

LINEでは、他人のアカウントで不正にログインする「乗っ取り」被害の発生が報告されています。乗っ取り犯は、パソコン版LINEなどからログインする可能性があるので、スマートフォン以外からログインしないのであれば、Sec.58を参考に「アカウント」画面を表示し、「ログイン許可」を無効にしておきましょう。アカウントが乗っ取られ、パスワードも変更されている場合は、アカウントを削除する必要があるので、下記の手順で「ヘルプ」画面から問題を報告しましょう。

1 「ホーム」画面で🔧をタップして「設定」画面を表示し、

🔊 お知らせ

❓ ヘルプ

ℹ️ LINEについて

2 画面下部の＜ヘルプ＞をタップします。

3 ＜セキュリティ＞をタップし、＜アカウント不正ログイン＞をタップします。

😊 スタンプ・コイン・着せかえ・絵文字

💬 トーク・通話・通知

👥 友だち・グループ

🔒 セキュリティ

❓ サービス一般

♪ タイムライン・ホーム

4 「アカウントの不正ログイン（乗っ取り）をされた」の⌄をタップし、

＜ ヘルプ

アカウント不正ログインについて

アカウントの不正ログイン（乗っ取り）をされた ︿

LINEアカウントに不正ログイン（乗っ取り）された場合、お問い合わせフォームより詳細をお送りください。犯人がそれ以上悪用しないようアカウントを削除いたします。

また、弊社にて調査後、アイテムの移行を行います。

移行が可能なアイテム
- スタンプ・着せかえなどの有料アイテムをご利用する権利（プレゼントスタンプを含む）
- 課金アイテムの購入履歴やコイン残高
- LINE STOREから購入したクレジット残高

5 ＜お問い合わせフォーム＞をタップするとお問い合わせフォームが開くので、情報を記入して被害の詳細を報告します。

第5章 LINEで困ったときのQ&A

Section 60

最新のアプリを使えるようにしたい！

お役立ち度 ★★★

「LINE」アプリは定期的にアップデートが行われています。更新できる状態であれば、最新のバージョンにアップデートしましょう。

1 スマートフォンのホーム画面またはアプリ一覧画面で＜Playストア＞をタップし、

2 ≡をタップして、

3 ＜マイアプリ＆ゲーム＞をタップします。

4 アプリが更新できる状態であれば「アップデート」欄にアプリ名が表示されるのでタップします。

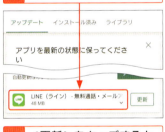

5 ＜更新＞をタップすると、アップデートが開始されます。

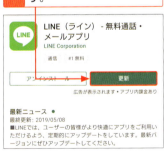

6 アップデートが完了したら＜開く＞をタップすると、最新のバージョンが利用できるようになります。

第5章 LINEで困ったときのQ&A

Section 61

新しいスマートフォンでもLINEを使いたい!

お役立ち度 ★★★

機種変更をしても、同じアカウントを引き継いで利用できます。引き継ぎには電話番号(またはメールアドレス)とパスワードの登録、設定が必要です。

機種変更前のスマートフォンでメールアドレスを登録する

1 「ホーム」画面を表示し、⚙をタップして、

2 <アカウント>をタップします。

3 <メールアドレス>をタップし、

4	登録したいメールアドレスを入力して、

5	<確認>をタップします。

 Memo Facebookでアカウントを作成した場合

Facebookアカウントを利用して作ったLINEアカウントでは、パスワードが登録されていない状態になっています。そのため、手順4の画面でメールアドレスといっしょにパスワードを登録する必要があります。

6	手順4で入力したメールアドレスに通知された認証番号を入力し、

7	<登録する>をタップします。

8	<OK>をタップします。

引き継ぎ許可設定を行う

1. P.152手順2の画面で＜アカウント引き継ぎ＞をタップし、

2. 「アカウントを引き継ぐ」の ○— をタップして、

3. ＜OK＞をタップすると、引き継ぎ許可設定がオンになります。

Memo トーク履歴を引き継ぐ

アカウントだけでなくトーク履歴もいっしょに引き継ぐ場合は、手順1の画面で＜トーク＞→＜トーク履歴のバックアップ・復元＞の順にタップし、＜Googleドライブにバックアップする＞をタップして任意のアカウントにトーク履歴をバックアップしておきましょう。

第5章 LINEで困ったときのQ&A

Section 62

スマートフォンを なくしてしまった!

お役立ち度 ★★★

スマートフォンを紛失してしまっても、Sec.61の方法で電話番号(またはメールアドレス)とパスワードを登録しておけば、アカウントを引き継げます。

新しいスマートフォンでアカウントを引き継ぐ

1 新しいスマートフォンで「LINE」アプリを起動し、Sec.03を参考に手順5まで操作を進め、

2 「友だち追加設定」画面で●をタップします。

3 「トーク履歴を復元」画面で<Googleアカウントを選択>をタップし、トークをバックアップしたアカウント(P.154Memo参照)をタップして、

4 <OK>をタップします。

5 「LINEによるリクエスト」画面で<許可>をタップし、

6 <トーク履歴を復元>をタップして、復元が完了したら<確認>をタップします。

7 「年齢確認」画面で各キャリアの画面の指示に従って操作を進めると、

8 アカウントの引き継ぎが完了します。

155

第5章 LINEで困ったときのQ&A

Section 63

LINEが起動しないので何とかしたい！

お役立ち度 ★★★

「LINE」アプリが起動しないときは、スマートフォンを再起動させたり、アプリ履歴を削除したり、アプリの更新が来ていないかを確認したりしましょう。

アプリ履歴を削除する

1. スマートフォンの履歴キーをタップします。

2. アプリ履歴が表示されるので、

3. 「LINE」アプリの×をタップすると、

4. 「LINE」アプリの履歴が削除されます。

この操作でLINEのアカウントやトークが削除されることはありません。

5. スマートフォンのホームキーをタップしてホーム画面に戻り、再度「LINE」アプリを起動させます。

第5章 LINEで困ったときのQ&A

Section 64

アカウントを削除したい!

お役立ち度 ★★★

LINEのアカウントは、いつでも削除することができます。ただし、削除したアカウントを復活することはできないので、十分注意しましょう。

---

1 P.152手順 1〜3 を参考に「アカウント」画面を表示します。

2 <アカウント削除>をタップし、

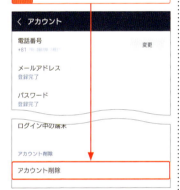

3 <次へ>をタップします。

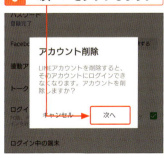

4 各項目の□をタップして☑にし、

5 <アカウント削除>をタップすると、アカウントが削除されます。

索引 INDEX

アルファベット

Facebookログイン	23
Googleアカウント	18
ID検索	50
Keepに写真を保存する	107
Playストア	18, 151
QRコード	52

あ行

アカウント削除	157
アカウントの引き継ぎ	23, 152, 155
アカウントを新規登録	22
アップデート	151
アプリ内課金	20
アプリ履歴の削除	156
アルバム	104
位置情報	55
インストール	18
「ウォレット」画面	31
絵文字	76
お気に入り	58

か行

カテゴリを折りたたむ	59
起動	26
既読	41, 144
機内モード	144
グループ	116
グループアイコンの変更	130
グループアルバム	129, 134
グループに参加する	122
グループに招待する	126
グループノート	129
グループの作成	118
グループメッセージ	128
グループメンバー	124
グループを退会する	138
コイン	84

さ行

支払い方法	85
写真を送る	92
終了	27
スタンプ	78
スタンプの削除	91
スタンプの表示順序の変更	90
スタンプをプレゼントする	88
ストーリー	30, 35
スマートフォンに写真を保存する	106, 136

た行

「タイムライン」画面	30
通知	42, 128, 140
通報	148
電話番号検索	36
動画を送る	94
トーク	74
「トーク」画面	30

158

トーク履歴の削除	100
トーク履歴のバックアップ	154
トークを並べ替える	98
友だち	25, 48
友だち削除	70
友だち自動追加	24, 57
「友だち」タブ	29
友だちのアカウントを送信する	62
友だちへの追加を許可	56

な行

「ニュース」画面	31
認証番号	23, 147, 153
年齢認証	25, 37, 51
ノート	102

は行

背景デザインの変更	96
パスコード	142
パスワード	24
パスワードの登録	152
ビデオ通話	110
非表示	64
非表示リスト	69
表示名の変更	60
複数人トーク	112
不在着信	46
不正ログイン	150
ふるふる	54

ブロック	66, 145
ブロック解除	68
ブロックリスト	69
プロフィールの設定	32
「ホーム」画面	29

ま行

未読	42
無料スタンプ	80
無料通話	44
無料通話に出る	46
メールアドレスの登録	152
メールアドレスの変更	146
メッセージ	40
メッセージ受信拒否	108
メッセージ通知の内容表示	141, 144
メッセージに返信	42

や・ら行

有料スタンプ	84
ログイン中の端末	149

■ お問い合わせの例

FAX

1 お名前

技術　太郎

2 返信先の住所または FAX 番号

03-XXXX-XXXX

3 書名

今すぐ使えるかんたん mini
スマホで楽しむ LINE 超入門
[Android 対応版]　改訂 2 版

4 本書の該当ページ

138 ページ

5 ご使用の機種

Xperia 1

6 ご質問内容

手順 2 の画面が表示されない

お問い合わせについて

本書に関するご質問については、本書に記載されている内容に関するもののみとさせていただきます。本書の内容と関係のないご質問につきましては、一切お答えできませんので、あらかじめご了承ください。また、電話でのご質問は受け付けておりませんので、必ずFAX か書面にて下記までお送りください。
なお、ご質問の際には、必ず以下の項目を明記していただきますようお願いいたします。

1 お名前
2 返信先の住所または FAX 番号
3 書名
　（今すぐ使えるかんたん mini
　スマホで楽しむ LINE 超入門
　[Android 対応版]　改訂 2 版）
4 本書の該当ページ
5 ご使用の機種
6 ご質問内容

なお、お送りいただいたご質問には、できる限り迅速にお答えできるよう努力いたしておりますが、場合によってはお答えするまでに時間がかかることがあります。また、回答の期日をご指定なさっても、ご希望にお応えできるとは限りません。あらかじめご了承くださいますよう、お願いいたします。ご質問の際に記載いただきました個人情報は、回答後速やかに破棄させていただきます。

問い合わせ先

〒 162-0846
東京都新宿区市谷左内町 21-13
株式会社技術評論社　書籍編集部
今すぐ使えるかんたん mini　スマホで楽しむ
LINE 超入門 [Android 対応版]　改訂 2 版
質問係

FAX 番号　03-3513-6167

URL：https://book.gihyo.jp/116

今すぐ使えるかんたん mini
スマホで楽しむ LINE 超入門
[Android 対応版] 改訂 2 版

2016 年 12 月 1 日　初　 版　第 1 刷発行
2019 年 8 月 3 日　第 2 版　第 1 刷発行

著者●リンクアップ
発行者●片岡　巌
発行所●株式会社 技術評論社
　　　　東京都新宿区市谷左内町 21-13
　　　　電話　03-3513-6150　販売促進部
　　　　　　　03-3513-6160　書籍編集部

装丁●田邉恵里香
本文イラスト●株式会社アット
本文デザイン●リンクアップ
DTP ／編集●リンクアップ
担当●春原正彦
製本／印刷●図書印刷株式会社

定価はカバーに表示してあります。

落丁・乱丁がございましたら、弊社販売促進部までお送りください。
交換いたします。
本書の一部または全部を著作権法の定める範囲を超え、無断で複写、複製、転載、テープ化、ファイルに落とすことを禁じます。

©2019 技術評論社

ISBN 978-4-297-10692-8 C3055
Printed in Japan